思考力算数練習帳シリーズ
シリーズ２８
植　木　算

整数範囲：二桁×二桁　三桁÷二桁

◆　本書の特長

1、植木算の考え方を、**具体性のある「図」**から考え、そして**式によって解ける**よう、順をおって詳しく解説されています。

2、全て**整数だけで解ける**ように、問題が作られています。

3、自分ひとりで考えて解けるように工夫して作成されています。他のサイパー思考力算数練習帳と同様に、**教え込まなくても学習できる**ように構成されています。

4、公式に当てはめて問題を解くのではなく、**問題の意味を理解した上で式を作る**ように工夫されています。

◆　サイパー思考力算数練習帳シリーズについて

　　ある問題について同じ種類・同じレベルの問題をくりかえし練習することによって、確かな定着が得られます。

　　そこで、中学入試につながる文章題について、同種類・同レベルの問題をくりかえし練習することができる教材を作成しました。

◆　指導上の注意

①　解けない問題、本人が悩んでいる問題については、お母さん（お父さん）が説明してあげて下さい。その時に、できるだけ具体的なものにたとえて説明してあげると良くわかります。（例えば、実際に目の前にえんぴつを並べて、植木の代わりとする、など。）

②　お母さん（お父さん）はあくまでも補助で、問題を解くのはお子さん本人です。お子さんの達成感を満たすためには、「解き方」から「答」までの全てを教えてしまわないで下さい。教える場合はヒントを与える程度にしておき、本人が自力で答を出すのを待ってあげて下さい。

③　お子さんのやる気が低くなってきていると感じたら、無理にさせないで下さい。お子さんが興味を示す別の問題をさせるのも良いでしょう。

④　丸付けは、その場でしてあげて下さい。フィードバック（自分のやった行為が正しいかどうか評価を受けること）は早ければ早いほど、本人の学習意欲と定着につながります。

もくじ

植木算1、全部木の場合・・・・・・・・・・・・・・3
    演習問題1・・・・・・・・・22
    テスト1・・・・・・・・・24

植木算2、両端は数えない場合・・・・・・・・・・26
    演習問題2・・・・・・・・・33
    テスト2・・・・・・・・・34

植木算3、まわりに植える場合・・・・・・・・・・35
    演習問題3・・・・・・・・・40
    テスト3・・・・・・・・・41

植木算4、片端だけ数えない場合・・・・・・・・・42

総合問題1・・・・・・・・・・・・・・・・・・44
総合問題2・・・・・・・・・・・・・・・・・・46
総合テスト・・・・・・・・・・・・・・・・・・48

解答・・・・・・・・・・・・・・・50

植木算1、全部木の場合

例題1、木が一列に同じ間隔で3本植えられています。木と木との間はどこも4mです。木は端から端まで何mでしょうか。

★絵をかいてみると、良くわかります。

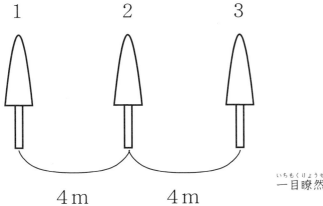

一目瞭然ですね。

答　8m

類題1、木が一列に同じ間隔で5本植えられています。木と木との間はどこも3mです。植木は端から端まで何mでしょうか。絵をかいて考えてみましょう。

絵

答　　　　　m

類題1の解答

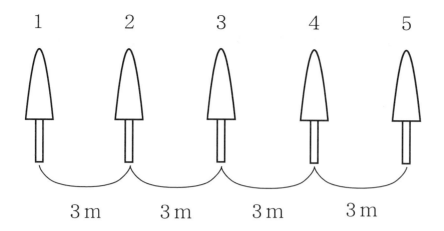

答　１２ｍ

例題２　類題1を、計算で解いてみましょう。上の図を参考にして考えましょう。

１２ｍという答を出すための式は

３ｍ×４＝１２ｍ

だとわかります。この式の「３ｍ」と「４」という数字は何のことでしょう。「３ｍ」は木と木の間の長さですね。問題文に書いてあります。では、「４」というのは、どこから出てきたのでしょうか。もちろん図を書いてみれば、わかります。しかし、もし図を書かないで式だけで解くためには、この「４」という数字を、別の式を立てて導き出さなければなりません。

先ほどの図を、もう一度書いてみましょう。

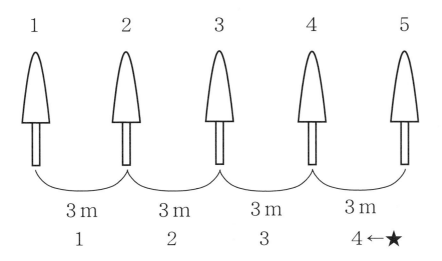

3m×4＝12m

の「4」は、上図の★印のところの「4」ですね。3mが4つあるから3m×4＝12という式になるわけです。

例題1でいうと、下のようになります。

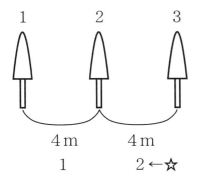

この問題を式で解くと

4m×2＝8m

となりますね。この「×2」の「2」は☆印の2です。

「3m×4＝12m」の「4」は★の部分の4、「4m×2＝8m」の「2」は☆印の部分の2です。

どちらも、木と木の間がいくつあるか、を表しています。
これを、「間の数」とよぶことにします。

例題3、下の図の、「木の数」と「間の数」を答えなさい。

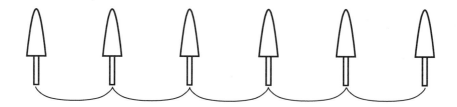

答、「木の数」＝6　「間の数」＝5
　　数えればわかりますね。

類題2、下の図の、「木の数」と「間の数」を、それぞれ答えなさい。

①

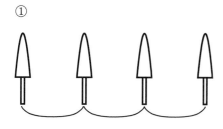

①　木の数 _____　間の数 _____

②

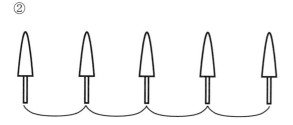

②　木の数 _____　間の数 _____

(類題2の続き)

③

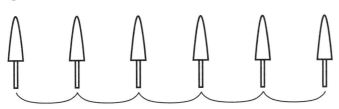

③　木の数　_____　間の数　_____

④

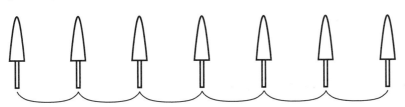

④　木の数　_____　間の数　_____

⑤

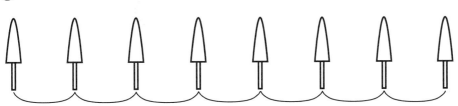

⑤　木の数　_____　間の数　_____

⑥

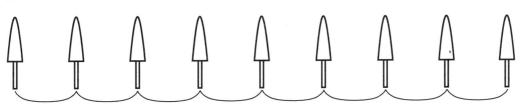

⑥　木の数　_____　間の数　_____

類題２の解答

① 木の数 __4__　　間の数 __3__
② 木の数 __5__　　間の数 __4__
③ 木の数 __6__　　間の数 __5__
④ 木の数 __7__　　間の数 __6__
⑤ 木の数 __8__　　間の数 __7__
⑥ 木の数 __9__　　間の数 __8__

さあ、ここから何か見えてきませんか。木の数と間の数とのあいだに、何か関係はありませんか。そうです。いつも木の数より間の数が１少ないのです。この法則に気づけば、木の数さえわかれば、間の数もわかることになります。

例題４、図のように、木を１０本、一列に植えました。間の数はいくつになりますか。

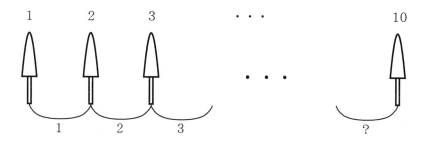

間の数は木の数より１少ない、のでしたね。
１０－１＝９

答、__9__

例題５、図のように、木を何本か一列に植えました。間の数は１２でした。木は何本ありますか。

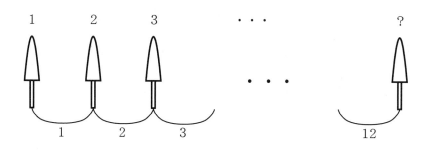

今度は例題４の逆です。間の数がわかっていて、木の数がわかっていません。
でも木の数は間の数より１多い（間の数は木の数より１少ない）のだから

　　　　　１２＋１＝１３

答、__１３　本__

類題３、次の各問に答えなさい。絵をかかないで、式で解きましょう。

①、一列に木が９本植えられています。間の数はいくつですか。

　式

答、_____

②、一列に木が１５本植えられています。間の数はいくつですか。

　式

答、_____

③、一列に木が１００本植えられています。間の数はいくつですか。

　式

答、_____

④、一列に木が植えられています。間の数は７でした。木は何本並んでいますか。

　式

答、_____

⑤、一列に木が植えられています。間の数は３８でした。木は何本並んでいますか。

　　式

　　　　　　　　　　　　　　　　　　　　　　　　　答、_____

⑥、一列に木が植えられています。間の数は１００でした。木は何本並んでいますか。

　　式

　　　　　　　　　　　　　　　　　　　　　　　　　答、_____

類題３の解答

①、②、③は、木の数がわかっていて、間の数を調べる問題です。間の数は木の数より１少ないのでしたね。

① 式　９－１＝８　　　　　　答、___8___
② 式　１５－１＝１４　　　　答、___14___
③ 式　１００－１＝９９　　　答、___99___

④、⑤、⑥は、間の数がわかっていて、木の数を調べる問題です。木の数は間の数より１多いのでしたね。

④ 式　７＋１＝８　　　　　　答、___8___
⑤ 式　３８＋１＝３９　　　　答、___39___
⑥ 式　１００＋１＝１０１　　答、___101___

例題６、一列に木が１０本植えられています。木と木との間はどこも３ｍです。木の端から端まで何ｍありますか。式を書いて解きましょう。

質問されているのは、木の端から端までの長さです。ですからここで大切なのは「３ｍ」という数字です。「３ｍ」がいくつ集まれば、木の端から端までの長さになるか、それを考えれば良い事になります。

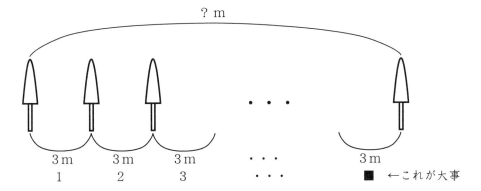

上の図で３ｍが■コあると、全体の長さになることがわかると思います。
式にすると

　　　　　３ｍ×■＝？ｍ

？ｍを求めるためには、■がわかれば良いですね。
■は「間の数」ですから、「木の数」より「１少ない」と、学習しました。

　　　　　１０本－１＝９…■　つまり「間の数」

間の数は９です。全体の長さは３ｍが９コあることになりますから

　　　３ｍ×９＝２７ｍ

答、　　２７ｍ

類題４、次の各問に答えなさい。すべて式を書くこと。式はそれぞれ２つずつあります。

①、一列に木が８本植えられています。木と木との間はどこも３ｍです。木の端から端まで何ｍありますか。

式

答、_____

②、一列に木が１０本植えられています。木と木との間はどこも４ｍです。木の端から端まで何ｍありますか。

式

答、_____

③、一列に木が９本植えられています。木と木との間はどこも５ｍです。木の端から端まで何ｍありますか。

式

答、_____

④、一列に木が１２本植えられています。木と木との間はどこも３ｍです。木の端から端まで何ｍありますか。

式

答、＿＿＿＿＿＿＿＿

⑤、一列に木が１１本植えられています。木と木との間はどこも６ｍです。木の端から端まで何ｍありますか。

式

答、＿＿＿＿＿＿＿＿

類題４の解答
① 式　８本－１＝７…間の数　　　３ｍ×７＝２１ｍ
　　　　　↑　　　　　　　　　　↑　式にも「単位」を付けておくと、ミスが減ります。
　　　　　　　　　　　　　　　　　　　　答、＿２１ｍ＿
② 式　１０本－１＝９　　　４ｍ×９＝３６ｍ　　　答、＿３６ｍ＿
③ 式　９本－１＝８　　　　５ｍ×８＝４０ｍ　　　答、＿４０ｍ＿
④ 式　１２本－１＝１１　　３ｍ×１１＝３３ｍ　　答、＿３３ｍ＿
⑤ 式　１１本－１＝１０　　６ｍ×１０＝６０ｍ　　答、＿６０ｍ＿

例題６、何本かの木が３ｍ間隔で一列に植えられています。端から端まで１５ｍでした。木は何本並んでいますか。

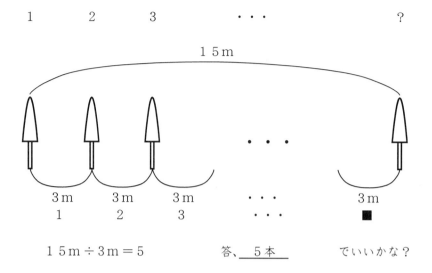

１５ｍ÷３ｍ＝５　　　　答、__５本__　　　でいいかな？

実際に絵をかいてみれば、正しいかどうかわかりますね。木を５本かいてみよう。

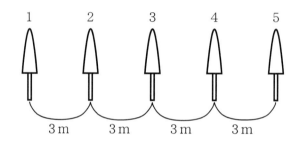

あれ、これでは１２ｍにしかなりません。どうやらまちがっているようです。
どうしてまちがったのでしょうか。

正しい様子を絵にかいてみましょう。

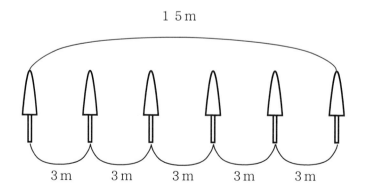

これで１５ｍになりました。正しい絵です。この時、木は何本ありますか。数えればわかります。そう、６本ですね。正解は６本となります。

では、先に解いた時の式　１５ｍ÷３ｍ＝５　のどこがまちがっていたのでしょうか。

実は、この式のどこにもまちがいはありません。でも答は「５本」ではありません。この「５」は木の本数を表していたのではないのです。ではこの「５」は何を表しているのでしょうか。

１５ｍ÷３ｍ＝５　の意味は「１５ｍの中に３ｍがいくつあるか」ということを表しています。ですから　１５ｍ÷３ｍ＝５　の「５」は、「３ｍ＝間」がいくつあるか、つまり「間の数」を表しているのです。

前にやったように、「木の数」と「間の数」とは異なります。この「５」は間の数ですから、答ではありません。「木の数」は「間の数」より「１」多いのですね。ですから答（木の数）は「６」となります。

例題６の解き方と答

　　式　１５ｍ÷３ｍ＝５…間の数
　　　　５＋１＝６本…木の数

答、　６本　

理解できましたか。

植木算では「木の数」と「間の数」という、にているが違った数が出てきます。これを正しく分けて考えられる事が大切なのです。

★ポイント：植木算は「木の数」と「間の数」に注意しよう！

類題５、次の各問に答えなさい。必ず式を書いて答えましょう。

①、何本かの木が２ｍ間隔で一列に植えられています。端から端まで１６ｍでした。木は何本並んでいますか。

式

答、＿＿＿＿＿＿＿＿

②、何本かの木が４ｍ間隔で一列に植えられています。端から端まで２４ｍでした。木は何本並んでいますか。

式

答、＿＿＿＿＿＿＿＿

③、何本かの木が３ｍ間隔で一列に植えられています。端から端まで２１ｍでした。木は何本並んでいますか。

式

答、＿＿＿＿＿＿＿＿

④、何本かの木が５ｍ間隔で一列に植えられています。端から端まで２５ｍでした。木は何本並んでいますか。

式

答、＿＿＿＿＿＿＿＿＿＿

⑤、何本かの木が８ｍ間隔で一列に植えられています。端から端まで３２ｍでした。木は何本並んでいますか。

式

答、＿＿＿＿＿＿＿＿＿＿

⑥、何本かの木が９ｍ間隔で一列に植えられています。端から端まで８１ｍでした。木は何本並んでいますか。

式

答、＿＿＿＿＿＿＿＿＿＿

類題５の解答

① 式　１６m÷２m＝８…間の数　　８＋１＝９…木の数　　答、＿＿９本＿＿
② 式　２４m÷４m＝６…間の数　　６＋１＝７…木の数　　答、＿＿７本＿＿
③ 式　２１m÷３m＝７…間の数　　７＋１＝８…木の数　　答、＿＿８本＿＿
④ 式　２５m÷５m＝５…間の数　　５＋１＝６…木の数　　答、＿＿６本＿＿
⑤ 式　３２m÷８m＝４…間の数　　４＋１＝５…木の数　　答、＿＿５本＿＿
⑥ 式　８１m÷９m＝９…間の数　　９＋１＝１０…木の数　答、＿１０本＿

例題７、木が７本、同じ間隔で一列に植えられています。端から端までは４２mでした。木と木の間隔は何mですか。

　　式　４２m÷７本＝６m　　　　答、　６m

はたしてこれであっているでしょうか？
絵をかいて確認してみましょう。

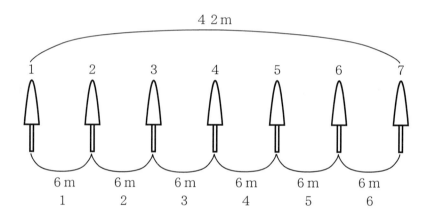

　この絵ですと　６m×６＝３６m　になってしまいます。問題文の「端から端までは４２m」に合いません。

　何をまちがったのでしょう。みなさんは、もうわかっていますね。「木の数」と「間の数」とを分けずに考えてしまったからです。「木の数」と「間の数」とが異なっているのが、植木算のポイントでした。

　まちがった式　４２m÷**７本**＝６m　の「７本」は、何の数でしょうか。これは「木の数」ですね。「間の数」が集まって全体の長さになっているのですから、正しくは「間の数」で割らなければなりません。

まずは、「間の数」を出しましょう。「間の数」は「木の数」より「1」少ないのでしたね。

　　　　7本－1＝6…間の数

これで、「間の数」が出ましたから、全体の長さを割ります。

　　　　42m÷6＝7m　　　　　答、__7m__

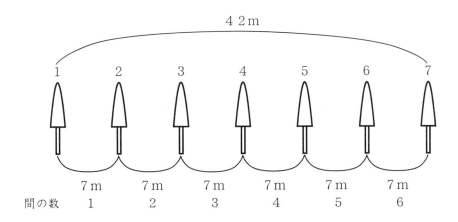

類題6、次の各問に答えなさい。それぞれ必ず式を書いて考えましょう。

①、木が5本、同じ間隔で一列に植えられています。端から端までは40mでした。木と木の間隔は何mですか。

式

答、_____

②、木が6本、同じ間隔で一列に植えられています。端から端までは35mでした。木と木の間隔は何mですか。

式

答、_____

③、木が3本、同じ間隔で一列に植えられています。端から端までは100mでした。木と木の間隔は何mですか。

式

答、_____

④、木が8本、同じ間隔で一列に植えられています。端から端までは56mでした。木と木の間隔は何mですか。

式

答、_____

⑤、木が6本、同じ間隔で一列に植えられています。端から端までは60mでした。木と木の間隔は何mですか。

式

答、_____

⑥、木が7本、同じ間隔で一列に植えられています。端から端までは60mでした。木と木の間隔は何mですか。

式

答、_____

⑦、木が１３本、同じ間隔で一列に植えられています。端から端までは３１２ｍでした。木と木の間隔は何ｍですか。

式

答、＿＿＿＿＿＿

⑧、木が３０本、同じ間隔で一列に植えられています。端から端までは４３５ｍでした。木と木の間隔は何ｍですか。

式

答、＿＿＿＿＿＿

類題６の解答
① 式　５本－１＝４…間の数　　　４０ｍ÷４＝１０ｍ　　　　答、＿＿１０ｍ＿＿
② 式　６本－１＝５…間の数　　　３５ｍ÷５＝７ｍ　　　　　答、＿＿７ｍ＿＿＿
③ 式　３本－１＝２…間の数　　　１００ｍ÷２＝５０ｍ　　　答、＿＿５０ｍ＿＿
④ 式　８本－１＝７…間の数　　　５６ｍ÷７＝８ｍ　　　　　答、＿＿８ｍ＿＿＿
⑤ 式　６本－１＝５…間の数　　　６０ｍ÷５＝１２ｍ　　　　答、＿＿１２ｍ＿＿
⑥ 式　７本－１＝６…間の数　　　６０ｍ÷６＝１０ｍ　　　　答、＿＿１０ｍ＿＿
⑦ 式　１３本－１＝１２…間の数　３１２ｍ÷１２＝２６ｍ　　答、＿＿２６ｍ＿＿
⑧ 式　３０本－１＝２９…間の数　４３５ｍ÷２９＝１５ｍ　　答、＿＿１５ｍ＿＿

なぜ「－１」をするのか、今自分が求めている数字は「木の数」なのか「間の数」なのか、など、しっかり考えながら解きましょう。

演習問題１、次の各問に答えなさい。必ず式を書くこと。

①、一列に木が１５本植えられています。木と木との間はどこも４ｍです。木の端から端まで何ｍありますか。

式

答、_____

②、何本かの木が７ｍ間隔で一列に植えられています。端から端まで５６ｍでした。木は何本並んでいますか。

式

答、_____

③、木が１０本、同じ間隔で一列に植えられています。端から端までは６３ｍでした。木と木の間隔は何ｍですか。

式

答、_____

④、8ｍ間隔で何本かの木が一列に植えられています。端から端まで７２ｍでした。木は何本並んでいますか。

式

答、_____

⑤、同じ間隔で、木が１１本一列に植えられています。端から端までは１１０ｍでした。木と木の間隔は何ｍですか。

式

答、_____

⑥、一列に木が２０本植えられています。木と木との間はどこも５ｍです。木の端から端まで何ｍありますか。

式

答、_____

答は５０ページ。
全部納得したら、次のテストを受けましょう。

テスト１、次の各問に答えなさい。必ず式を書くこと。（各２０点）

点／１００　合格８０点

①、一列に木が１６本植えられています。木と木との間はどこも３ｍです。木の端から端まで何ｍありますか。

式

答、＿＿＿＿＿＿＿＿

②、何本かの木が６ｍ間隔で一列に植えられています。端から端まで５４ｍでした。木は何本並んでいますか。

式

答、＿＿＿＿＿＿＿＿

（次ページに続く→）

テスト１、次の各問に答えなさい。必ず式を書くこと。(各２０点)

③、木が１２本、同じ間隔で一列に植えられています。端から端までは６６ｍでした。木と木の間隔は何ｍですか。

式

答、_____

④、７ｍ間隔で何本かの木が一列に植えられています。端から端まで８４ｍでした。木は何本並んでいますか。

式

答、_____

⑤、同じ間隔で、木が１３本一列に植えられています。端から端までは１５６ｍでした。木と木の間隔は何ｍですか。

式

答、_____

（ここまで）

答は５０ページ。
答え合わせは、お家の方にして頂きましょう。まちがった所は、必ず直しをする事。

植木算２、両端は数えない場合

例題８、電柱と電柱との間に、どこも３ｍの間隔になるように木を植えると、木は全部で４本になりました。電柱と電柱との距離は何ｍでしょうか。

最初は絵をかいて考えましょう。

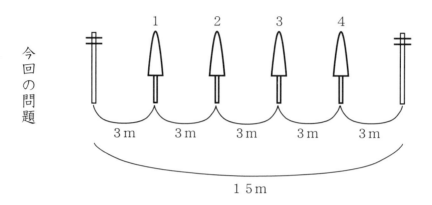

答は　３ｍ×５＝１５ｍ　になりますね。

前の問題ですと、両端に電柱がないので、下の絵のようになり、解き方は

式　４本－１＝３…間の数　　３ｍ×３＝９　　　答、　９ｍ

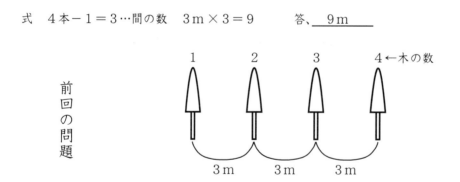

今回は両端に電柱があるので、前の問題とはちがいます。絵をかくとよくわかりますね。
では、前回の問題と今回の問題はどこがどうちがうのでしょう。

前回の問題も今回の問題も、長さを調べるためには、「間の数」が重要でした。前回の問題と今回の問題の大きなちがいは、「間の数」のちがいです。

絵を並べてかいてみます。どちらも木は同じ4本ですが、間の数のちがうことがわかりますね。

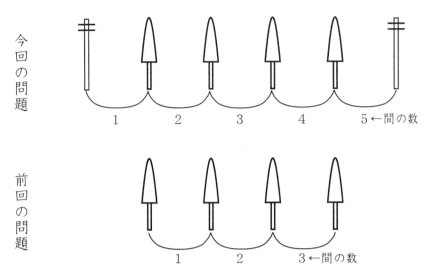

類題7、次の各問に、絵をかいて答えましょう。

①、電柱と電柱との間に、どこも同じ間隔になるように木を植えると、木は全部で5本になりました。電柱および木と木の間は、いくつありますか。

　　　　　　　　　　　　　　　　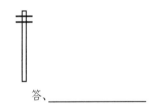

答、_____

②、電柱と電柱との間に、どこも同じ間隔になるように木を植えると、木は全部で6本になりました。電柱および木と木の間は、いくつありますか。

　　　　　　　　　　　　　　　　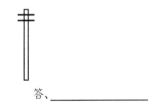

答、_____

③、電柱と電柱との間に、どこも同じ間隔になるように木を植えると、木は全部で7本になりました。電柱および木と木の間は、いくつありますか。

答、_____

類題7の解答

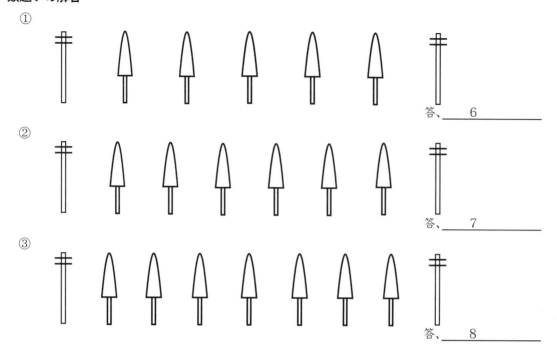

① 答、　6
② 答、　7
③ 答、　8

もうわかったと思います。

　植木算では「間の数」を調べることが重要なのですが、この問題の場合「間の数」は「木の数」より「1多い」、という法則があります。

例題9、電柱と電柱との間に、どこも2mの間隔になるように木を植えると、木は全部で7本になりました。電柱と電柱との距離は何mでしょうか。式をたてて解きましょう。

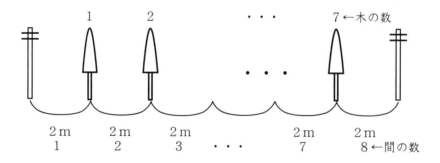

「間の数」を調べましょう。「間の数」は「木の数」より「1」多いのでしたね。
　　　7本＋1＝8…間の数
「2m」が8つあるのですから、
　　　2m×8＝16m

答、　16m

類題８、次の各問に答えなさい。ただし、式を書いて求めること。

①、電柱と電柱との間に、どこも４ｍの間隔になるように木を植えると、木は全部で５本になりました。電柱と電柱との距離は何ｍでしょうか。

式

答、＿＿＿＿＿＿＿＿

②、電柱と電柱との間に、どこも４ｍの間隔になるように木を植えると、木は全部で３本になりました。電柱と電柱との距離は何ｍでしょうか。

式

答、＿＿＿＿＿＿＿＿

③、電柱と電柱との間に、どこも５ｍの間隔になるように木を植えると、木は全部で６本になりました。電柱と電柱との距離は何ｍでしょうか。

式

答、＿＿＿＿＿＿＿＿

④、電柱と電柱との間に、どこも３ｍの間隔になるように木を植えると、木は全部で８本になりました。電柱と電柱との距離は何ｍでしょうか。

式

答、＿＿＿＿＿＿＿＿

⑤、電柱と電柱との間に、どこも５ｍの間隔になるように木を植えると、木は全部で１１本になりました。電柱と電柱との距離は何ｍでしょうか。

式

答、＿＿＿＿＿＿＿＿

★ここでのポイントは、「間の数」は「木の数」より「１」多い、ということでしたね。

類題８の解答

① 式　５本＋１＝６…間の数　　４ｍ×６＝２４ｍ　　　　答、__２４ｍ__
② 式　３本＋１＝４…間の数　　４ｍ×４＝１６ｍ　　　　答、__１６ｍ__
③ 式　６本＋１＝７…間の数　　５ｍ×７＝３５ｍ　　　　答、__３５ｍ__
④ 式　８本＋１＝９…間の数　　３ｍ×９＝２７ｍ　　　　答、__２７ｍ__
⑤ 式　１１本＋１＝１２…間の数　　５ｍ×１２＝６０ｍ　　答、__６０ｍ__

例題１０、電柱と電柱との間に、何本かの木が３ｍ間隔で一列に植えられています。電柱から電柱まで２４ｍでした。木は何本並んでいますか。

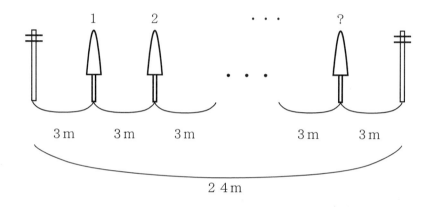

　　　２４ｍ÷３ｍ＝８　←この「８」は「間の数」です。
　両端に電柱がある場合は、「木の数」は「間の数」より「１」少ないのです。したがって、
　　　８－１＝７本　　　　答、__７本__

類題９、次の各問に答えなさい。必ず式を書いて求めること。

①、電柱と電柱との間に、何本かの木が２ｍ間隔で一列に植えられています。電柱から電柱まで１２ｍでした。木は何本並んでいますか。

式

　　　　　　　　　　　　　　　　　　　　　　　　　　　答、_____

②、電柱と電柱との間に、何本かの木が４ｍ間隔で一列に植えられています。電柱から電柱まで２４ｍでした。木は何本並んでいますか。

式

　　　　　　　　　　　　　　　　　　　　　　　　　　　答、_____

③、電柱と電柱との間に、何本かの木が５ｍ間隔で一列に植えられています。電柱から電柱まで３５ｍでした。木は何本並んでいますか。

式

答、_____

④、電柱と電柱との間に、何本かの木が７ｍ間隔で一列に植えられています。電柱から電柱まで２８ｍでした。木は何本並んでいますか。

式

答、_____

⑤、電柱と電柱との間に、何本かの木が６ｍ間隔で一列に植えられています。電柱から電柱まで４８ｍでした。木は何本並んでいますか。

式

答、_____

◆　　　◆　　　◆　　　◆　　　◆

類題９の解答
① 式　１２ｍ÷２ｍ＝６…間の数　　６－１＝５本　　　答、__５本__
② 式　２４ｍ÷４ｍ＝６…間の数　　６－１＝５本　　　答、__５本__
③ 式　３５ｍ÷５ｍ＝７…間の数　　７－１＝６本　　　答、__６本__
④ 式　２８ｍ÷７ｍ＝４…間の数　　４－１＝３本　　　答、__３本__
⑤ 式　４８ｍ÷６ｍ＝８…間の数　　８－１＝７本　　　答、__７本__

例題１１、電柱と電柱との間に、木が５本、どこも同じ間隔で一列に植えられています。電柱から電柱まで３０ｍでした。木と木の間隔は何ｍですか。

　式　３０ｍ÷５本＝６ｍ　　　答、__６ｍ__
ではないと、もうわかっていますね。

　全体の長さ３０ｍを木の数で割ってはいけません。間の数で割らねばなりませんね。
　　５本＋１＝６…間の数
　　３０ｍ÷６＝５ｍ　　　　答、__５ｍ__　　これが正解です。

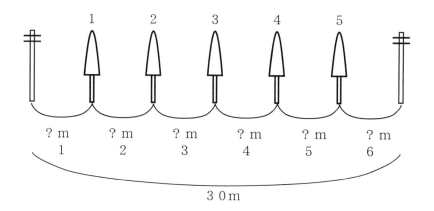

類題１０、次の各問に答えなさい。必ず式をたてて求めること。

①、電柱と電柱との間に、木が３本、同じ間隔で一列に植えられています。電柱から電柱まで２４ｍでした。木と木の間隔は何ｍですか。

式

答、_____

②、電柱と電柱との間に、木が４本、同じ間隔で一列に植えられています。電柱から電柱まで２０ｍでした。木と木の間隔は何ｍですか。

式

答、_____

③、電柱と電柱との間に、木が６本、同じ間隔で一列に植えられています。電柱から電柱まで４２ｍでした。木と木の間隔は何ｍですか。

式

答、_____

④、電柱と電柱との間に、木が８本、同じ間隔で一列に植えられています。電柱から電柱まで４５ｍでした。木と木の間隔は何ｍですか。

式

答、_____

⑤、電柱と電柱との間に、木が７本、同じ間隔で一列に植えられています。電柱から電柱まで５６ｍでした。木と木の間隔は何ｍですか。

式

答、_____

◆　　　◆　　　◆　　　◆　　　◆

類題１０の解答
① 式　３本＋１＝４…間の数　　２４ｍ÷４＝６ｍ　　　　答、__６ｍ__
② 式　４本＋１＝５…間の数　　２０ｍ÷５＝４ｍ　　　　答、__４ｍ__
③ 式　６本＋１＝７…間の数　　４２ｍ÷７＝６ｍ　　　　答、__６ｍ__
④ 式　８本＋１＝９…間の数　　４５ｍ÷９＝５ｍ　　　　答、__５ｍ__
⑤ 式　７本＋１＝８…間の数　　５６ｍ÷８＝７ｍ　　　　答、__７ｍ__

演習問題２、次の各問に答えなさい。必ず式をたてて求めること。（答は５０ページ）

①、電柱と電柱との間に、どこも６ｍの間隔になるように木を植えると、木は全部で１２本になりました。電柱と電柱との距離は何ｍでしょうか。

式

答、_____

②、電柱と電柱との間に、木が１２本、同じ間隔で一列に植えられています。電柱から電柱まで３９ｍでした。木と木の間隔は何ｍですか。

式

答、_____

③、電柱と電柱との間に、何本かの木が７ｍ間隔で一列に植えられています。電柱から電柱まで６３ｍでした。木は何本並んでいますか。

式

答、_____

④、電柱と電柱との間に、木が９本、同じ間隔で一列に植えられています。電柱から電柱まで９０ｍでした。木と木の間隔は何ｍですか。

式

答、_____

テスト２、次の各問に答えなさい。必ず式を書くこと。(各２０点)

点／１００　合格８０点

①、電柱と電柱との間に、どこも７ｍの間隔になるように木を植えると、木は全部で１５本になりました。電柱と電柱との距離は何ｍでしょうか。

式

答、＿＿＿＿＿＿

②、電柱と電柱との間に、木が１３本、同じ間隔で一列に植えられています。電柱から電柱まで８４ｍでした。木と木の間隔は何ｍですか。

式

答、＿＿＿＿＿＿

③、電柱と電柱との間に、何本かの木が９ｍ間隔で一列に植えられています。電柱から電柱まで５４ｍでした。木は何本並んでいますか。

式

答、＿＿＿＿＿＿

④、電柱と電柱との間に、木が１１本、同じ間隔で一列に植えられています。電柱から電柱まで１３２ｍでした。木と木の間隔は何ｍですか。

式

答、＿＿＿＿＿＿

⑤、電柱と電柱との間に、何本かの木が１５ｍ間隔で一列に植えられています。電柱から電柱まで１０５ｍでした。木は何本並んでいますか。

式

答、＿＿＿＿＿＿

（ここまで）

答は５０ページ。
答え合わせは、お家の方にして頂きましょう。まちがった所は、必ず直しをする事。

植木算3、まわりに植える場合

例題12、池のまわりに、どこも3mの間隔になるように木を植えると、木は全部で8本になりました。池は1周、何mでしょうか。

やはり、最初は絵をかいて考えましょう。

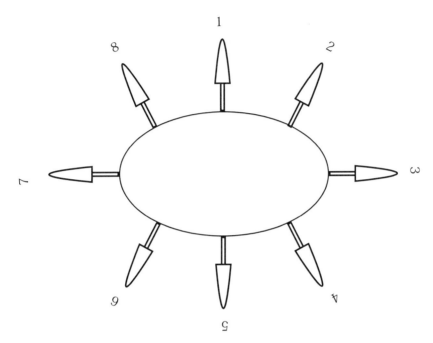

もうおわかりだと思いますが、大切なのは「間の数」です。「木の数」と「間の数」がどういう関係になっているかを調べることが、植木算では大切です。

この問題で、間の数はいくつになりましたか。数えてみればわかります。そう「8」ですね。池のまわりにぐるりと木を植える場合、「木の数」と「間の数」は等しくなります。

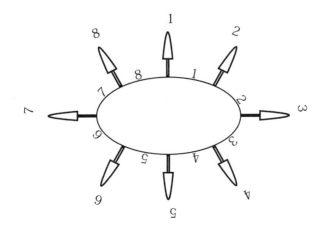

ポイント：池のように、まわりにぐるりと木を植える場合、「木の数」と「間の数」は等しくなる。

例題１２、池のまわりに、どこも４ｍの間隔になるように木を植えると、木は全部で８本になりました。池は１周、何ｍでしょうか。

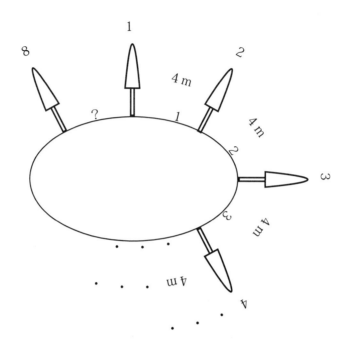

「間の数」を調べましょう。この問題の場合、「木の数」と「間の数」は同じでしたね。ですから「木の数」をそのまま「間の数」として計算に使用してもかまいません。

　　８本…木の数…間の数　　　４ｍ×８＝３２ｍ　　　　答、＿＿３２ｍ＿＿＿

類題１１、次の各問に答えなさい。必ず式を書いて求めること。
　①、池のまわりに、どこも３ｍの間隔になるように木を植えると、木は全部で５本になりました。池のまわりは何ｍでしょう。

　　式

　　　　　　　　　　　　　　　　　　　　　　　　　　　　答、＿＿＿＿＿＿

　②、池のまわりに、どこも４ｍの間隔になるように木を植えると、木は全部で７本になりました。池のまわりは何ｍでしょう。

　　式

　　　　　　　　　　　　　　　　　　　　　　　　　　　　答、＿＿＿＿＿＿

③、池のまわりに、どこも５ｍの間隔になるように木を植えると、木は全部で６本になりました。池のまわりは何ｍでしょう。

式

答、＿＿＿＿＿＿＿＿＿

④、池のまわりに、どこも８ｍの間隔になるように木を植えると、木は全部で４本になりました。池のまわりは何ｍでしょう。

式

答、＿＿＿＿＿＿＿＿＿

⑤、池のまわりに、どこも７ｍの間隔になるように木を植えると、木は全部で５本になりました。池のまわりは何ｍでしょう。

式

答、＿＿＿＿＿＿＿＿＿

類題１１の解答
① 式　３ｍ×５＝１５ｍ　　　　答、＿＿１５ｍ＿＿
　　　　↑ここの単位は「本」ではないことに注意。
　　　（「木の数」ではなく「間の数」だから）
② 式　４ｍ×７＝２８ｍ　　　　答、＿＿２８ｍ＿＿
③ 式　５ｍ×６＝３０ｍ　　　　答、＿＿３０ｍ＿＿
④ 式　８ｍ×４＝３２ｍ　　　　答、＿＿３２ｍ＿＿
⑤ 式　７ｍ×５＝３５ｍ　　　　答、＿＿３５ｍ＿＿

例題１３、池のまわりに、何本かの木が３ｍ間隔で植えられています。池は１周２７ｍでした。木は何本植えられていますか。

　これも大切なのは「間の数」です。２７ｍ÷３ｍをすると、求められるのは間の数です。間の数は「９」。しかし、まわりに並べる問題の場合、「木の数」と「間の数」は等しかったのでしたね。だから、答は「９」です。

　式　２７ｍ÷３ｍ＝９…間の数…木の数　　　答、＿＿９本＿＿

類題１２、次の各問に答えなさい。必ず式を書くこと。

①、池のまわりに、何本かの木が２ｍ間隔で植えられています。池は１周３０ｍでした。木は何本並んでいますか。

式

答、_____

②、池のまわりに、何本かの木が５ｍ間隔で植えられています。池は１周４５ｍでした。木は何本並んでいますか。

式

答、_____

③、池のまわりに、何本かの木が４ｍ間隔で植えられています。池は１周２８ｍでした。木は何本並んでいますか。

式

答、_____

④、池のまわりに、何本かの木が６ｍ間隔で植えられています。池は１周３６ｍでした。木は何本並んでいますか。

式

答、_____

類題１２の解答

① 式　３０ｍ÷２ｍ＝１５…間の数＝木の数　　　　答、　１５本
② 式　４５ｍ÷５ｍ＝９…間の数＝木の数　　　　答、　９本
③ 式　２８ｍ÷４ｍ＝７…間の数＝木の数　　　　答、　７本
④ 式　３６ｍ÷６ｍ＝６…間の数＝木の数　　　　答、　６本

例題１４、池のまわりに、木が５本、どこも同じ間隔で一列に植えられています。池は１周３０ｍでした。木と木の間隔は何ｍですか。

これも大切なのは、「間の数」です。でも「木の数」＝「間の数」でしたね。ですから「木の数５本」＝「間の数５」となります。

　　　５本…木の数＝間の数　　　式　　３０ｍ÷５＝６ｍ　　　　答、＿＿＿６ｍ＿＿＿

類題１３、次の各問に答えなさい。必ず式を書いて求めること。

①、池のまわりに、木が８本、どこも同じ間隔で植えられています。池は１周４０ｍでした。木と木の間隔は何ｍですか。

　式

　　　　　　　　　　　　　　　　　　　　　　　　　　　　　　答、＿＿＿＿＿＿＿

②、池のまわりに、木が６本、どこも同じ間隔で植えられています。池は１周４２ｍでした。木と木の間隔は何ｍですか。

　式

　　　　　　　　　　　　　　　　　　　　　　　　　　　　　　答、＿＿＿＿＿＿＿

③、池のまわりに、木が７本、どこも同じ間隔で植えられています。池は１周６３ｍでした。木と木の間隔は何ｍですか。

　式

　　　　　　　　　　　　　　　　　　　　　　　　　　　　　　答、＿＿＿＿＿＿＿

◆　　◆　　◆　　◆　　◆

類題１３の解答
　① 式　　４０ｍ÷８＝５ｍ　　　　　　　　　　　　答、＿＿＿５ｍ＿＿＿
　② 式　　４２ｍ÷６＝７ｍ　　　　　　　　　　　　答、＿＿＿７ｍ＿＿＿
　③ 式　　６３ｍ÷７＝９ｍ　　　　　　　　　　　　答、＿＿＿９ｍ＿＿＿

演習問題３、次の各問に答えなさい。必ず式を書いて求めること。

　①、池のまわりに、木が１０本、どこも同じ間隔で植えられています。池は１周５０ｍでした。木と木の間隔は何ｍですか。

　　式

　　　　　　　　　　　　　　　　　　　　　　　　　　答、＿＿＿＿＿＿＿＿

　②、池のまわりに、何本かの木が９ｍ間隔で植えられています。池は１周７２ｍでした。木は何本並んでいますか。

　　式

　　　　　　　　　　　　　　　　　　　　　　　　　　答、＿＿＿＿＿＿＿＿

　③、池のまわりに、どこも１１ｍの間隔になるように木を植えると、木は全部で８本になりました。池のまわりは何ｍでしょう。

　　式

　　　　　　　　　　　　　　　　　　　　　　　　　　答、＿＿＿＿＿＿＿＿

　④、池のまわりに、何本かの木が８ｍ間隔で植えられています。池は１周９６ｍでした。木は何本並んでいますか。

　　式

　　　　　　　　　　　　　　　　　　　　　　　　　　答、＿＿＿＿＿＿＿＿

　⑤、池のまわりに、木が９本、どこも同じ間隔で植えられています。池は１周１１７ｍでした。木と木の間隔は何ｍですか。

　　式

　　　　　　　　　　　　　　　　　　　　　　　　　　答、＿＿＿＿＿＿＿＿

　　　　　　　　　　　　　答は５０ページ。
　　　　　　　　　　　　　全部納得したら、次のテストを受けましょう。

テスト3、次の各問に答えなさい。必ず式を書くこと。(各20点)

点／100　合格80点

①、池のまわりに、何本かの木が12m間隔で植えられています。池は1周108mでした。木は何本並んでいますか。

式

答、＿＿＿＿＿＿＿

②、池のまわりに、どこも8mの間隔になるように木を植えると、木は全部で53本になりました。池のまわりは何mでしょう。

式

答、＿＿＿＿＿＿＿

③、池のまわりに、何本かの木が13m間隔で植えられています。池は1周299mでした。木は何本並んでいますか。

式

答、＿＿＿＿＿＿＿

④、池のまわりに、木が18本、どこも同じ間隔で植えられています。池は1周126mでした。木と木の間隔は何mですか。

式

答、＿＿＿＿＿＿＿

⑤、池のまわりに、木が10本、どこも同じ間隔で植えられています。池は1周50mでした。木と木の間隔は何mですか。

式

答、＿＿＿＿＿＿＿

（ここまで）

答は51ページ。
答え合わせは、お家の方にして頂きましょう。まちがった所は、必ず直しをする事。

植木算４、片端だけ数えない場合

例題１５、電柱が１本立っているところからどこも３ｍの間隔になるように木を植えると、木は全部で４本になりました。電柱から一番端の木までの距離は何ｍでしょうか。

やはり最初は絵をかいて考えましょう。

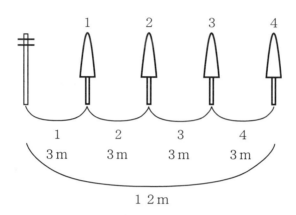

答は　３ｍ×４＝１２ｍ　になります。

たいせつなのは「間の数」です。ここでは「４」ですね。
　もうおわかりだと思いますが、この問題の場合、「木の数」と「間の数」は等しくなります。先にやった「まわりに植える場合」と同じです。

　式　４本…木の数＝間の数　　３ｍ×４＝１２ｍ　　　答、＿１２ｍ＿

類題１４、次の各問に答えなさい。必ず式を書いて求めること。
　①、電柱が１本立っているところからどこも４ｍの間隔になるように木を植えると、木は全部で５本になりました。電柱から一番端の木までの距離は何ｍでしょうか。

　式

答、＿＿＿＿＿＿＿

②、電柱が１本立っているところからどこも同じ間隔になるように木を植えると、木は全部で５本になり、電柱から一番端の木まで４０ｍになりました。電柱および木と木の間は何ｍですか。

式

答、＿＿＿＿＿＿＿＿

③、電柱が１本立っているところからどこも３ｍの間隔になるように木を植えると、電柱から一番端の木までの距離は２１ｍになりました。木は全部で何本ありますか。

式

答、＿＿＿＿＿＿＿＿

④、電柱が１本立っているところからどこも同じ間隔になるように木を植えると、木は全部で８本になり、電柱から一番端の木まで６４ｍになりました。電柱および木と木の間は何ｍですか。

式

答、＿＿＿＿＿＿＿＿

⑤、電柱が１本立っているところからどこも４ｍの間隔になるように木を植えると、電柱から一番端の木までの距離は３６ｍになりました。木は全部で何本ありますか。

式

答、＿＿＿＿＿＿＿＿

⑥、電柱が１本立っているところからどこも７ｍの間隔になるように木を植えると、木は全部で１１本になりました。電柱から一番端の木までの距離は何ｍでしょうか。

式

答、＿＿＿＿＿＿＿＿

類題１４の解答

① 式　４ｍ×５＝２０ｍ　　　　　　　　　　　答、　２０ｍ
② 式　４０ｍ÷５＝８ｍ　　　　　　　　　　　答、　８ｍ
③ 式　２１ｍ÷３ｍ＝７…間の数＝木の数　　　答、　７本
④ 式　６４ｍ÷８＝８ｍ　　　　　　　　　　　答、　８ｍ
⑤ 式　３６ｍ÷４ｍ＝９…間の数＝木の数　　　答、　９本
⑥ 式　７ｍ×１１＝７７ｍ　　　　　　　　　　答、　７７ｍ

総合問題1 (答は51ページ)

①、一列に木が12本植えられています。木と木との間はどこも7mです。木の端から端まで何mありますか。

　　式

　　　　　　　　　　　　　　　　　　　　　　　　　　　答、_____

②、何本かの木が3m間隔で一列に植えられています。端から端まで51mでした。木は何本並んでいますか。

　　式

　　　　　　　　　　　　　　　　　　　　　　　　　　　答、_____

③、木が15本、同じ間隔で一列に植えられています。端から端までは112mでした。木と木の間隔は何mですか。

　　式

　　　　　　　　　　　　　　　　　　　　　　　　　　　答、_____

④、電柱と電柱との間に、どこも4mの間隔になるように木を植えると、木は全部で15本になりました。電柱と電柱との距離は何mでしょうか。

　　式

　　　　　　　　　　　　　　　　　　　　　　　　　　　答、_____

⑤、電柱と電柱との間に、何本かの木が3m間隔で一列に植えられています。電柱から電柱まで180mでした。木は何本並んでいますか。

　　式

　　　　　　　　　　　　　　　　　　　　　　　　　　　答、_____

⑥、電柱と電柱との間に、木が19本、同じ間隔で一列に植えられています。電柱から電柱まで200mでした。木と木の間隔は何mですか。

　　式

　　　　　　　　　　　　　　　　　　　　　　　　　　　答、_____

⑦、池のまわりに、どこも３ｍの間隔になるように木を植えると、木は全部で４３本になりました。池のまわりは何ｍでしょう。

式

答、_____

⑧、池のまわりに、何本かの木が６ｍ間隔で植えられています。池は１周２１０ｍでした。木は何本並んでいますか。

式

答、_____

⑨、池のまわりに、木が１７本、どこも同じ間隔で植えられています。池は１周１３６ｍでした。木と木の間隔は何ｍですか。

式

答、_____

⑩、電柱が１本立っているところからどこも２ｍの間隔になるように木を植えると、木は全部で３４本になりました。電柱から一番端の木までの距離は何ｍでしょうか。

式

答、_____

⑪、電柱が１本立っているところからどこも同じ間隔になるように木を植えると、木は全部で１９本になり、電柱から一番端の木まで１１４ｍになりました。電柱および木と木の間は何ｍですか。

式

答、_____

⑫、電柱が１本立っているところからどこも３ｍの間隔になるように木を植えると、電柱から一番端の木までの距離は１２６ｍになりました。木は全部で何本ありますか。

式

答、_____

総合問題2 （答は51ページ）

①、一列に木が12本植えられています。木と木との間はどこも4mです。木の端から端まで何mありますか。

答、_____

②、池のまわりに、木が12本、どこも同じ間隔で植えられています。池は1周60mでした。木と木の間隔は何mですか。

式

答、_____

③、電柱と電柱との間に、何本かの木が4m間隔で一列に植えられています。電柱から電柱まで100mでした。木は何本並んでいますか。

式

答、_____

④、電柱と電柱との間に、どこも5mの間隔になるように木を植えると、木は全部で14本になりました。電柱と電柱との距離は何mでしょうか。

式

答、_____

⑤、木が20本、同じ間隔で一列に植えられています。端から端までは133mでした。木と木の間隔は何mですか。

式

答、_____

⑥、電柱と電柱との間に、木が17本、同じ間隔で一列に植えられています。電柱から電柱まで108mでした。木と木の間隔は何mですか。

式

答、_____

⑦、池のまわりに、どこも４ｍの間隔になるように木を植えると、木は全部で１０本になりました。池のまわりは何ｍでしょう。

式

答、＿＿＿＿＿＿＿＿

⑧、何本かの木が３ｍ間隔で一列に植えられています。端から端まで６９ｍでした。木は何本並んでいますか。

式

答、＿＿＿＿＿＿＿＿

⑨、電柱が１本立っているところからどこも同じ間隔になるように木を植えると、木は全部で１９本になり、電柱から一番端の木まで１５２ｍになりました。電柱および木と木の間は何ｍですか。

式

答、＿＿＿＿＿＿＿＿

⑩、何本かの木が７ｍ間隔で一列に植えられています。端から端まで９１ｍでした。木は何本並んでいますか。

式

答、＿＿＿＿＿＿＿＿

⑪、木が２５本、同じ間隔で一列に植えられています。端から端までは１６８ｍでした。木と木の間隔は何ｍですか。

式

答、＿＿＿＿＿＿＿＿

⑫、電柱と電柱との間に、どこも５ｍの間隔になるように木を植えると、木は全部で１７本になりました。電柱と電柱との距離は何ｍでしょうか。

式

答、＿＿＿＿＿＿＿＿

総合テスト、次の各問に答えなさい。必ず式を書くこと。（各１０点）

点／１００　合格８０点

①、一列に木が２０本植えられています。木と木との間はどこも３ｍです。木の端から端まで何ｍありますか。

式

答、_____

②、電柱と電柱との間に、どこも４ｍの間隔になるように木を植えると、木は全部で２５本になりました。電柱と電柱との距離は何ｍでしょうか。

式

答、_____

③、電柱が１本立っているところからどこも６ｍの間隔になるように木を植えると、電柱から一番端の木までの距離は１１４ｍになりました。木は全部で何本ありますか。

式

答、_____

④、電柱と電柱との間に、何本かの木が７ｍ間隔で一列に植えられています。電柱から電柱まで１１２ｍでした。木は何本並んでいますか。

式

答、_____

⑤、池のまわりに、どこも４ｍの間隔になるように木を植えると、木は全部で１８本になりました。池のまわりは何ｍでしょう。

式

答、_____

（次のページに続く→）

(→総合テスト　前のページより)

⑥、電柱と電柱との間に、木が１５本、同じ間隔で一列に植えられています。電柱から電柱まで１４４ｍでした。木と木の間隔は何ｍですか。

式

答、＿＿＿＿＿＿＿＿

⑦、池のまわりに、木が２１本、どこも同じ間隔で植えられています。池は１周１２６ｍでした。木と木の間隔は何ｍですか。

式

答、＿＿＿＿＿＿＿＿

⑧、木が２７本、同じ間隔で一列に植えられています。端から端までは１３０ｍでした。木と木の間隔は何ｍですか。

式

答、＿＿＿＿＿＿＿＿

⑨、何本かの木が５ｍ間隔で一列に植えられています。端から端まで１２０ｍでした。木は何本並んでいますか。

式

答、＿＿＿＿＿＿＿＿

⑩、電柱と電柱との間に、木が１１本、同じ間隔で一列に植えられています。電柱から電柱まで１５６ｍでした。木と木の間隔は何ｍですか。

式

答、＿＿＿＿＿＿＿＿

（ここまで）

答は５２ページ。
答え合わせは、お家の方にしていただきましょう。まちがった所は、必ず直しをすること。

解 答

演習問題1

① 式　15本－1＝14…間の数　　4m×14＝56m　　　　答、___56m___
② 式　56m÷7m＝8…間の数　　8＋1＝9本　　　　　答、___9本___
③ 式　10本－1＝9…間の数　　63m÷9＝7m　　　　答、___7m___
④ 式　72m÷8m＝9…間の数　　9＋1＝10本　　　　答、___10本___
⑤ 式　11本－1＝10…間の数　　110m÷10＝11m　　答、___11m___
⑥ 式　20本－1＝19…間の数　　5m×19＝95m　　　答、___95m___

テスト1（20点×5問　式各5点　答10点）

① 式　16本－1＝15…間の数　　3m×15＝45m　　　答、___45m___
② 式　54m÷6m＝9…間の数　　9＋1＝10本　　　　答、___10本___
③ 式　12本－1＝11…間の数　　66m÷11＝6m　　　答、___6m___
④ 式　84m÷7m＝12…間の数　　12＋1＝13本　　　答、___13本___
⑤ 式　13本－1＝12…間の数　　156m÷12＝13m　　答、___13m___

演習問題2

① 式　12本＋1＝13…間の数　　6m×13＝78m　　　答、___78m___
② 式　12本＋1＝13…間の数　　39m÷13＝3m　　　答、___3m___
③ 式　63m÷7m＝9…間の数　　9－1＝8本　　　　　答、___8本___
④ 式　9本＋1＝10…間の数　　90m÷10＝9m　　　　答、___9m___

テスト2（20点×5問　式各5点　答10点）

① 式　15本＋1＝16…間の数　　7m×16＝112m　　　答、___112m___
② 式　13本＋1＝14…間の数　　84m÷14＝6m　　　答、___6m___
③ 式　54m÷9m＝6…間の数　　6－1＝5本　　　　　答、___5本___
④ 式　11本＋1＝12…間の数　　132m÷12＝11m　　答、___11m___
⑤ 式　105m÷15m＝7…間の数　　7－1＝6本　　　　答、___6本___

演習問題3

① 式　50m÷10＝5m　　　　　　　　　　　　　　　答、___5m___
② 式　72m÷9m＝8…間の数＝木の数　　　　　　　　答、___8本___
③ 式　11m×8＝88m　　　　　　　　　　　　　　　答、___88m___
④ 式　96m÷8m＝12…間の数＝木の数　　　　　　　答、___12本___
⑤ 式　117m÷9＝13m　　　　　　　　　　　　　　答、___13m___

解 答

テスト3（20点×5問　式各10点　答10点）

① 式　108m÷12m＝9…間の数＝木の数　　　　答、　9本
② 式　8m×53＝424m　　　　　　　　　　　　答、　424m
③ 式　299m÷13m＝23…間の数＝木の数　　　答、　23本
④ 式　126m÷18＝7m　　　　　　　　　　　　答、　7m
⑤ 式　50m÷10＝5m　　　　　　　　　　　　　答、　5m

総合問題1

① 式　12本－1＝11…間の数　　7m×11＝77m　　　　　答、　77m
② 式　51m÷3m＝17…間の数　　17＋1＝18本　　　　　答、　18本
③ 式　15本－1＝14…間の数　　112m÷14＝8m　　　　答、　8m
④ 式　15本＋1＝16…間の数　　4m×16＝64m　　　　　答、　64m
⑤ 式　180m÷3m＝60…間の数　60－1＝59本　　　　　答、　59本
⑥ 式　19本＋1＝20…間の数　　200m÷20＝10m　　　　答、　10m
⑦ 式　3m×43＝129m　　　　　　　　　　　　　　　　答、　129m
⑧ 式　210m÷6m＝35…間の数＝木の数　　　　　　　　答、　35本
⑨ 式　136m÷17＝8m　　　　　　　　　　　　　　　　答、　8m
⑩ 式　2m×34＝68m　　　　　　　　　　　　　　　　　答、　68m
⑪ 式　114m÷19＝6m　　　　　　　　　　　　　　　　答、　6m
⑫ 式　126m÷3m＝42…間の数＝木の数　　　　　　　　答、　42本

総合問題2

① 式　12本－1＝11…間の数　　4m×11＝44m　　　　　答、　44m
② 式　60m÷12＝5m　　　　　　　　　　　　　　　　答、　5m
③ 式　100m÷4m＝25…間の数　25－1＝24本　　　　　答、　24本
④ 式　14本＋1＝15…間の数　　5m×15＝75m　　　　　答、　75m
⑤ 式　20本－1＝19…間の数　　133m÷19＝7m　　　　答、　7m
⑥ 式　17本＋1＝18…間の数　　108m÷18＝6m　　　　答、　6m
⑦ 式　4m×10＝40m　　　　　　　　　　　　　　　　答、　40m
⑧ 式　69m÷3m＝23…間の数　　23＋1＝24本　　　　　答、　24本
⑨ 式　152m÷19＝8m　　　　　　　　　　　　　　　　答、　8m
⑩ 式　91m÷7m＝13…間の数　　13＋1＝14本　　　　　答、　14本
⑪ 式　25本－1＝24…間の数　　168m÷24＝7m　　　　答、　7m
⑫ 式　17本＋1＝18…間の数　　5m×18＝90m　　　　　答、　90m

解　答

総合テスト

① 式　２０本－１＝１９…間の数　　３ｍ×１９＝５７ｍ　　　　答、＿＿＿５７ｍ＿＿＿
　　　　　　　　　　　　　　　　　　　　　　　　　　　　　　　　　（式：３点×２　答：４点）

② 式　２５本＋１＝２６…間の数　　４ｍ×２６＝１０４ｍ　　　答、＿＿＿１０４ｍ＿＿＿
　　　　　　　　　　　　　　　　　　　　　　　　　　　　　　　　　（式：３点×２　答：４点）

③ 式　１１４ｍ÷６ｍ＝１９…間の数＝木の数　　　　　　　　　答、＿＿＿１９本＿＿＿
　　　　　　　　　　　　　　　　　　　　　　　　　　　　　　　　　（式：４点　答：６点）

④ 式　１１２ｍ÷７ｍ＝１６…間の数　　１６－１＝１５本　　　答、＿＿＿１５本＿＿＿
　　　　　　　　　　　　　　　　　　　　　　　　　　　　　　　　　（式：３点×２　答：４点）

⑤ 式　４ｍ×１８＝７２ｍ　　　　　　　　　　　　　　　　　答、＿＿＿７２ｍ＿＿＿
　　　　　　　　　　　　　　　　　　　　　　　　　　　　　　　　　（式：４点　答：６点）

⑥ 式　１５本＋１＝１６…間の数　　１４４ｍ÷１６＝９ｍ　　　答、＿＿＿９ｍ＿＿＿
　　　　　　　　　　　　　　　　　　　　　　　　　　　　　　　　　（式：３点×２　答：４点）

⑦ 式　１２６ｍ÷２１＝６ｍ　　　　　　　　　　　　　　　　答、＿＿＿６ｍ＿＿＿
　　　　　　　　　　　　　　　　　　　　　　　　　　　　　　　　　（式：４点　答：６点）

⑧ 式　２７本－１＝２６…間の数　　１３０ｍ÷２６＝５ｍ　　　答、＿＿＿５ｍ＿＿＿
　　　　　　　　　　　　　　　　　　　　　　　　　　　　　　　　　（式：３点×２　答：４点）

⑨ 式　１２０ｍ÷５ｍ＝２４…間の数　　２４＋１＝２５本　　　答、＿＿＿２５本＿＿＿
　　　　　　　　　　　　　　　　　　　　　　　　　　　　　　　　　（式：３点×２　答：４点）

⑩ 式　１１本＋１＝１２…間の数　　１５６ｍ÷１２＝１３ｍ　　答、＿＿＿１３ｍ＿＿＿
　　　　　　　　　　　　　　　　　　　　　　　　　　　　　　　　　（式：３点×２　答：４点）

M.access　　　　　　　　　　　　　　　　　　　　　　　　　　　　　　　　　植木算

本書「サイパー思考力算数練習帳シリーズ２８　植木算」の続編
超難関校入試レベルの問題集

「サイパー　超・植木算」

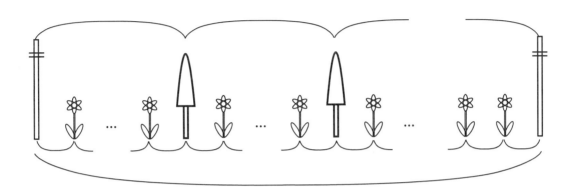

「サイパー　超・植木算」は

「学参書店（http://gakusan.jpn.org/）」でお求め下さい。

（一般の書店ではお求め頂けません。）

また、その他「サイパー思考力算数練習帳シリーズ」「サイパー国語読解の特訓シリーズ」などは、「学参書店」ほか全国有名書店でお求め下さい。（ネット上のその他の書店でもお求めになれます。）

問題：たて４２m、よこ６０mの長方形の土地を一辺が６mの正方形に分けて、正方形の頂点に木を、正方形の中心に花を植えました。木と花はそれぞれ何本ずつになりますか。

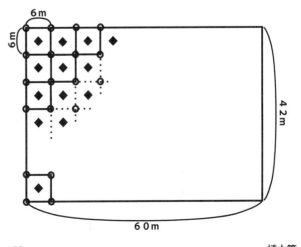

M.acceess　学びの理念

☆学びたいという気持ちが大切です
　勉強を強制されていると感じているのではなく、心から学びたいと思っていることが、子どもを伸ばします。

☆意味を理解し納得する事が学びです
　たとえば、公式を丸暗記して当てはめて解くのは正しい姿勢ではありません。意味を理解し納得するまで考えることが本当の学習です。

☆学びには生きた経験が必要です
　家の手伝い、スポーツ、友人関係、近所付き合いや学校生活もしっかりできて、「学び」の姿勢は育ちます。
　生きた経験を伴いながら、学びたいという心を持ち、意味を理解、納得する学習をすれば、負担を感じるほどの多くの問題をこなさずとも、子どもたちはそれぞれの目標を達成することができます。

発刊のことば

　「生きてゆく」ということは、道のない道を歩いて行くようなものです。「答」のない問題を解くようなものです。今まで人はみんなそれぞれ道のない道を歩き、「答」のない問題を解いてきました。

　子どもたちの未来にも、定まった「答」はありません。もちろん「解き方」や「公式」もありません。

　私たちの後を継いで世界の明日を支えてゆく彼らにもっとも必要な、そして今、社会でもっとも求められている力は、この「解き方」も「公式」も「答」すらもない問題を解いてゆく力ではないでしょうか。

　人間のはるかに及ばない、素晴らしい速さで計算を行うコンピューターでさえ、「解き方」のない問題を解く力はありません。特にこれからの人間に求められているのは、「解き方」も「公式」も「答」もない問題を解いてゆく力であると、私たちは確信しています。

　M.accessの教材が、これからの社会を支え、新しい世界を創造してゆく子どもたちの成長に、少しでも役立つことを願ってやみません。

思考力算数練習帳シリーズ２８
植木算　新装版　（整数範囲　２桁×２桁・３桁÷２桁）　（内容は旧版と同じものです）

　　　新装版　第１刷
　　　　編集者　M.access（エム・アクセス）
　　　　発行所　株式会社　認知工学
　　　　〒６０４－８１５５　京都市中京区錦小路烏丸西入ル占出山町308
　　　　電話　（０７５）２５６－７７２３　　email：ninchi@sch.jp
　　　　郵便振替　０１０８０－９－１９３６２　　株式会社認知工学

ISBN978-4-86712-128-3　C-6341　　　A28180124G　　M

定価＝　本体６００円　＋税